FORSCHUNGSBERICHTE DES LANDES NORDRHEIN-WESTFALEN

Nr. 2320

Herausgegeben im Auftrage des Ministerpräsidenten Heinz Kühn
vom Minister für Wissenschaft und Forschung Johannes Rau

Prof. Dr. rer. nat. Giselher Valk
Dr. rer. nat. Gerhard Heidemann
Dr. rer. nat. Tao Pen Wang

Textilforschungsanstalt Krefeld e.V.

Fraktionierung von N-Propionyl-oligo-ε-aminocapronsäurepropylamiden und Poly-ε-caprolactam durch Gelpermeationschromatographie

Springer Fachmedien Wiesbaden GmbH 1973

ISBN 978-3-663-19985-4   ISBN 978-3-663-20334-6 (eBook)
DOI 10.1007/978-3-663-20334-6

© 1973 by Springer Fachmedien Wiesbaden

Ursprünglich erschienen bei Westdeutscher Verlag, Opladen 1973

Gesamtherstellung: Westdeutscher Verlag

INHALT

0.	Zusammenfassung	1
1.	Einleitung	2
2.	N-Propionyl-oligo-ε-aminocapronsäurepropylamide	6
	2.1 Herstellung der Oligokondensate durch Umamidierung	6
	2.2 Gelchromatographische Trennung von Oligoamiden	7
	2.3 Physikalische Untersuchungen an molekular-einheitlichen endgruppenfreien Oligoamiden.	10
	2.3.1 Röntgenographische Untersuchungen	10
	2.3.2 Dichte	14
	2.3.3 Schmelzverhalten	14
	2.3.4 Viskositätsverhalten	17
	2.4 Diskussion der Ergebnisse der Untersuchungen an Oligoamiden	20
	2.4.1 Gewinnung der Oligomere	20
	2.4.2 Physikalische Untersuchung der Oligomere	21
3.	Nylon 6	25
	3.1 Auswahl eines geeigneten Elutionsmittels	25
	3.2 Fraktionierung von Nylon 6	28
	3.2.1 Trennung an "Sephadex LH-20"	28
	3.2.2 Trennung an "Merckogelen"	28
	3.3 Diskussion der Ergebnisse	32
4.	Experimentelle Einzelheiten	35
	4.1 Herstellung der Oligoamide durch Kondensation	35
	4.2 Fraktionierung der Oligoamide	35
	4.3 Endgruppenbestimmung	36
	4.4 Löslichkeitsuntersuchungen	36
	4.5 Quellungsmessungen	36
	4.6 Fraktionierung von Nylon 6	37
	4.7 Viskositätsmessung	37
	4.8 Röntgenographie	38
	4.9 Dichtemessung	38
	4.10 Differentialthermoanalyse	38
5.	Literatur	39
6.	Liste der Bildunterschriften und Abbildungen	44

0. Zusammenfassung

Die Gewinnung molekulareinheitlicher Oligoamide ist durch gelpermeationschromatographische Fraktionierung von Oligokondensaten möglich.

Physikalische Untersuchungen an Oligoamiden ergaben, daß Kettenüberfaltung bereits in Lösung vorgebildet und hierzu eine kritische Kettenlänge erforderlich ist, die größer sein muß als die geringst mögliche Faltungslänge im festen Zustand.

Eine präparative Fraktionierung von Nylon 6 ist durch Gelpermeationschromatographie an makroporösen Kieselgelen möglich unter Einsatz eines ternären Fließmittelsystems aus Phenol, Äthanol und Wasser.

1. Einleitung

Bei der Synthese faseraufbauender Polymere bilden sich je nach den Herstellungsbedingungen unterschiedliche Mengen von Oligomeren. Schon 1930 hatte W.H. CAROTHERS (1) vorgeschlagen, diese niedermolekularen Homologe für Strukturuntersuchungen zu isolieren. Neun Jahre später haben P. SCHLACK und Mitarbeiter (2) aus Caprolactampolymerisaten neben monomerem Lactam dessen cyclisches Dimeres und Trimeres extrahiert. Bezeichnungen und Begriffsdefinitionen wurden von G.M. van der WANT und A.J. STAVERMANN (3) sowie W. KERN (4) und H. ZAHN (5) eingeführt (s. auch 6).

Lineare Oligomere der ε-Aminocapronsäure wurden zum ersten Mal von G.M. van der WANT und A.J. STAVERMANN (3) hergestellt. Später synthetisierten H. ZAHN und D. HILDEBRAND (7) lineare Oligoamide der ε-Aminocapronsäure bis zu Dodekameren.

Diese polare Endgruppen enthaltenden linearen Oligoamide sind für viele physikalische Untersuchungen als Modellsubstanzen wenig geeignet, da die hohe Konzentration an polaren Endgruppen einen Vergleich mit dem entsprechenden Polymeren erschwert. Cyclische Amide besitzen diesen Nachteil zwar nicht, ihre Synthese ist jedoch wesentlich aufwendiger. Ferner sind sie nur bei hinreichender Ringgröße als Modellsubstanzen für Hochpolymere diskutabel (6). Aus diesen Gründen haben B. DALLMANN (8) und K. ATEYA (9) sogenannte "endgruppenfreie" Oligoamide der ε-Aminocapronsäure synthetisiert, indem sie die Aminogruppen durch Propionylreste und die Carboxygruppen durch Propylaminreste blockierten. Dabei entstehen folgende Oligoamide, die einen "echten" Ausschnitt aus dem Polymeren darstellen:

$$C_2H_5CO-[NH-CH_2-CH_2-CH_2-CH_2-CH_2-CO]_n-NHC_3H_7$$

n-Propionyl-oligo-ε-aminocapronsäure-propylamide (I)

Alle linearen Oligoamide der ε-Aminocapronsäure wurden bisher durch schrittweise Synthese gewonnen, die sehr aufwendig ist und bei höheren Gliedern zu uneinheitlichen Substanzen führt, die nur mit hohem Fraktionieraufwand zu reinigen sind. Dies gilt in besonderem Maße für die höheren Glieder der Oligoamide, die aufgrund von Mischkristallbildung (6) nicht mehr durch Umkristallisieren zu reinigen sind. Daher erhebt sich die Frage, ob nicht a priori die Fraktionierung eines Oligokondensates vorzuziehen ist. Hierfür bietet sich die Gelpermeationschromatographie an. Mit Hilfe dieses Verfahrens haben H. ZAHN und P. KUSCH (10, 11) reine Cyclo-oligoamide gewinnen können. Da Umamidierungen zwischen Amidgruppen möglich sind (12), sollte versucht werden, endgruppenfreie Oligokondensate durch Umsetzung von Caprolactam mit Propionsäurepropylamid als Kettenlängenregulator zu erhalten.

In der Literatur wurden zahlreiche Verfahren zur präparativen Fraktionierung von Polyamiden beschrieben, die auf der nur sehr geringfügig unterschiedlichen Löslichkeit der Polymerhomologen beruhen. Es sind dies die fraktionierte Fällung, die Fraktionierung durch selektives Lösen sowie die fraktionierte Extraktion. Diese Verfahren sind sehr langwierig und führen häufig zu schlechten, wenig reproduzierbaren Trennergebnissen.

In jüngster Zeit ist, ausgehend von Erfolgen auf dem Naturstoffgebiet, die von J. PORATH und P. FLODIN (13) entwickelte Gelpermeationschromatographie auch bei

hydrophoben synthetischen Polymeren angewandt worden
(14 - 26). Dieses Verfahren beruht auf der unterschiedlichen Durchdringungsfähigkeit von gelösten Makromolekülen verschiedener Kettenlänge durch makroporöse Gele.
Gegenüber den bisher angewandten Fraktioniermethoden
bieten sich eine Reihe von Vorzügen, z.B. kontinuierliches Arbeiten mit geringem Lösungsmittelaufwand,
schnelle und scharfe Trennung, breiter Fraktionierbereich durch Verwendung von Polymergelen mit unterschiedlichem Vernetzungsgrad sowie gute Reproduzierbarkeit
der Ergebnisse. Bei Polymeren lassen sich auch mit
dieser Methode keine molekulareinheitlichen Fraktionen
gewinnen. Durch geeignete Trennbedingungen läßt sich
jedoch die Uneinheitlichkeit klein halten. Zur Arbeitstechnik bei synthetischen Hochpolymeren und Oligomeren
wurde von J.C. MOORE und J.G. HENDRICKSON (26), L.E.
MALEY (16), W. HEITZ (27 - 35). und J.B. CARMICHAEL (36)
berichtet.
Synthetische Polymere besitzen immer eine Uneinheitlichkeit in Molekulargewicht und Kettenlänge der einzelnen
Makromoleküle. Bei der Bestimmung der physikalischen
Eigenschaften dieser Polymere resultieren daher Meßwerte, die i.a. nur für die untersuchte Molgewichtsverteilung Gültigkeit haben. Für die theoretische Deutung
der Meßergebnisse wären daher reine, molekulareinheitliche Produkte vorzuziehen, zumindest sollte aber immer
die Molekulargewichtsverteilung bekannt sein.

In der Literatur sind Methoden zur Bestimmung der Molekulargewichtsverteilung von Nylon 6 von vielen Autoren
(37 - 43) beschrieben worden. Die relativ leicht durchzuführende Gelpermeationschromatographie wurde aber
bisher hinsichtlich ihrer Eignung zur Fraktionierung
von Polyamiden noch wenig untersucht (37, 44), wobei

zudem das Schwergewicht auf der Erarbeitung einer analytischen Methode lag, die dem Vergleich der Molekulargewichtsverteilung verschiedener Polykondensate dienen sollte. Die Eichung wurde mit definierten Polystyrolen vorgenommen, wobei die durch die unterschiedliche Primärstruktur der Polymere bedingten Fehler nicht berücksichtigt werden. Eine präparative Gewinnung von Polyamidfraktionen enger Verteilung, die zur Eichung eingesetzt werden könnten, wurde nicht vorgenommen.

Wegen des Aufwandes für die Bestimmung der Molgewichtsverteilung ist die von STAUDINGER (45) eingeführte Viskositätsmessung heute noch eine der wichtigsten Untersuchungsmethoden für lösliche Polymere. Der Zusammenhang zwischen der Grenzviskosität $[\eta]$ und dem Molekulargewicht M des Polymeren mit nicht zu niedrigem Polymerisationsgrad läßt sich gut in der Beziehung $[\eta] = KM$ mit konstanten Werten für K und α darstellen. Abweichend verhalten sich nur die Anfangsglieder der polymerhomologen Reihen (46, 47). Diese Abweichung von der Beziehung $[\eta] = KM^{\alpha}$ ist bei verschiedenen Verbindungsarten unterschiedlich.

Aus Arbeiten von ATEYA (9, vergl. auch 6) kann gefolgert werden, daß Oligoamide beim Überschreiten einer bestimmten Kettenlänge ihre Gestalt in Lösung ändern. Evtl. tritt ähnlich wie im festen Zustand - von ZAHN und PIEPER an Carbobenzoxy-oligo-ε-aminocapronsäuren nachgewiesen (48) - bei einer bestimmten Kettenlänge Kettenfaltung ein. Hierdurch könnte das abweichende Verhalten erklärt werden. Eine sichere Aussage läßt sich aus den bisherigen Untersuchungen noch nicht machen, da die eingesetzten Oligoamide chromatographisch nicht rein waren und anstelle der Grenzviskosität $[\eta]$ die Viskositätszahl $\frac{\eta_{spez}}{c}$ bei nur einer bestimmten Konzentration c verwendet wurde.

2. N-Propionyl-oligo-ϵ-aminocapronsäurepropylamide

2.1 Herstellung der Oligokondensate durch Umamidierung

Analog der Darstellung von Polycaprolactam wurden Caprolactam und Propionsäurepropylamid (Kettenlängenregulator) unter Luftausschluß oberhalb 200 °C kondensiert. Um keine freien Endgruppen zu erhalten, wurde wasserfrei gearbeitet. Das Reaktionsprodukt enthielt neben den nicht umgesetzten Ausgangsverbindungen hauptsächlich Oligoamide der Struktur I. Die Bildung cyclischer Amide kann mit Sicherheit ausgeschlossen werden, da Cyclo-bis-ϵ-aminocaproyl, das sich wegen seiner stabilen Konformation (49) bevorzugt bilden sollte, dünnschichtchromatographisch (50) nicht nachgewiesen werden konnte. Aufgrund der niedrigen Gehalte an Amino- und Carboxyendgruppen (weniger als 50, bzw. 80 μVal/g) konnten keine wesentlichen Mengen an linearen endgruppenhaltigen Oligoamiden entstanden sein. Die Reaktionszeit wurde von 24 - 166 h, die Reaktionstemperatur von 220 - 260 °C variiert. Zur Erzielung zufriedenstellender Umsätze waren mehrtägige Reaktionszeiten und Temperaturen über 230 °C erforderlich. Ferner wurde das molare Verhältnis des Caprolactams zum Propylamid verändert, wobei Verhältnisse zwischen 1:5 und 1:15 gewählt wurden. Hierdurch läßt sich der prozentuale Anteil der einzelnen Oligoamide steuern.

Zur gelpermeationschromatographischen Fraktionierung wurde ein Oligokondensat eingesetzt, das aus Caprolactam und Propionsäurepropylamid in einem molaren Verhältnis 1:5 bei 240 °C während 166 h hergestellt worden war. Um nicht umgesetzte Ausgangsverbindungen zu entfernen, wurde das Reaktionsprodukt 8 h mit Diäthyläther (Fraktion 1) extrahiert. Der Extrakt enthielt neben dem Monomeren und Dimeren hauptsächlich nicht umgesetztes

Propionsäurepropylamid und Caprolactam. Er betrug ca. 25 % des Reaktionsproduktes. Aus dem Rückstand wurden durch Extraktion mit Methanol (Fraktion 2) und anschließend mit n-Propanol/Wasser (72:28) (Fraktion 3) zwei weitere Fraktionen gewonnen. Fraktion 2 betrug ca. 20 % des Reaktionsproduktes und enthielt Oligomere bis zu n=13. Fraktion 3 betrug ca. 15 % des Reaktionsproduktes und enthielt Oligomere bis zu n=16. Wie aus Abb. 2.1 zu ersehen ist, sind größere Mengen der höheren Oligoamide nur in Fraktion 3 enthalten. Die Fraktionen 2 und 3 wurden zur gelchromatographischen Trennung eingesetzt.

2.2 Gelchromatographische Trennung von Oligoamiden

Zur gelchromatographischen Trennung wurde das in organischen Lösungsmittelsystemen quellbare hydroxypropylierte Dextrangel "Sephadex LH 20" eingesetzt.

Als gute Lösungsmittel für Oligoamide und gleichzeitig gute Quellmedien für "Sephadex LH 20" erwiesen sich Gemische aus Phenol/Äthanol. Bei einem Volumenverhältnis Phenol/Äthanol 1:1,2 war das Gel maximal gequollen. Eine dünnschichtchromatographische Überprüfung (50) der Fraktionierergebnisse mit diesem Elutionsmittel zeigte jedoch, daß eine Trennung der Oligoamide in Individuen nicht erfolgte. Daraufhin wurde dem Fließmittel zur Erhöhung der Trennwirkung Wasser zugesetzt.
(Durch Trennversuche (s. Tabelle 2.1) wurden die optimalen Trennbedingungen ermittelt. Hierzu wurden die Elutionsbreite und die Differenz der Elutionsvolumina V_e des Dimeren und des Dekameren bestimmt. Als Elutionsvolumen wird im Gegensatz zur sonst üblichen Festlegung das Gesamtvolumen bis zum ersten Auftreten

Tabelle 2.1

Lösungsmittelgemisch	Mischungs-verhältnis v/v	Elutionsge-schwindig-keit (ml/h)	Temperatur (°C)	V_n (ml) für n=5	V_e (ml) n=2	V_e (ml) n=5	V_e (ml) n=10	ΔV_e (ml) für n=2 und n=10
1. Phenol/Äthanol	1:1,2	30	25	9	204	174	153	51
2. Phenol/Äthanol	1:1,2	18	25	15	246	198	150	96
3. Phenol/Äthanol/H_2O	1:2,6:1	15	25	10	200	165	130	70
4. Phenol/Äthanol/H_2O	1:2,6:1	8	25	12	196	160	132	64
5. Phenol/Äthanol/H_2O	1:2,6:1,6	12	25	4	200	160	132	68
6. Phenol/Äthanol/H_2O	1:2,6:1,6	8,8	22	9	216	167	136	80
7. Phenol/Äthanol/H_2O	1:2,6:1	18	50	6	192	156	126	66
8. Phenol/Äthanol/H_2O	1:2,6:1,6	18	50	12	198	162	132	66
9. Phenol/Äthanol/H_2O	1:2,6:2,1	8,8	50	10	207	180	145	62

Versuche zur Auswahl der optimalen Trennbedingungen von I

V_e Elutionsvolumen
V_n Elutionsbreite

(Elutionsfront) der einzelnen Oligoamide angegeben, da aufgrund der Nachweismethode das Maximum nur schwer zu ermitteln ist. Als Elutionsbreite wird die Summe der Volumina der Fraktionen angegeben, in denen das Oligoamid noch nachzuweisen ist.

Als optimale Trennbedingungen erwiesen sich die Daten von Versuch 5 (Tabelle 2.1), bei dem ein ternäres Gemisch von Phenol/Äthanol/Wasser 1:2,6:1,6 (v/v) eingesetzt wurde.

Nachdem Vorversuche gezeigt hatten, daß eine Trennung der Oligokondensate mit diesem Elutionsmittel möglich ist, wurden zur präparativen Fraktionierung folgende Bedingungen gewählt:

Säule:	400 cm x 2 cm
Gel:	Sephadex LH 20 gequollen im Elutionsmittel
Temperatur:	Zimmertemperatur, nicht temperiert
Elutionsmittel:	Phenol/Äthanol/Wasser 1:2,6:1,6
Fließgeschwindigkeit:	7 - 10 ml/h
Fraktionsvolumen:	5 ml
Aufgabemenge:	300 mg Oligomerengemisch gelöst im Elutionsmittel

Der Trenneffekt wurde wie vorher dünnschichtchromatographisch überprüft. Fraktion 2 der Vortrennung konnte bis zum Tridekameren und Fraktion 3 bis zum Pentadekameren zerlegt werden, wobei größere Mengen der höheren Glieder (n > 8) nur aus Fraktion 3 isoliert werden konnten. Die einzelnen Homologen wurden aus dem Eluat nach Einengen durch Ausfällen mit Äther gewonnen. N-Propionyl-oligo-ϵ-aminocapronsäureamide bis n=14 wurden in für physikalische Messungen ausreichenden Mengen erhalten.

2.3 Physikalische Untersuchungen an molekulareinheitlichen endgruppenfreien Oligoamiden

Die durch gelpermeationschromatographische Fraktionierung gewonnenen molekulareinheitlichen N-Propionyl-oligo-ε-aminocapronsäurepropylamide wurden hinsichtlich ihrer Struktur in Lösung und im festen Zustand physikalisch untersucht. Zur Aufklärung der Struktur im festen Zustand wurden neben Röntgenkleinwinkel-Aufnahmen Dichte- und Schmelzpunktbestimmungen vorgenommen. Das Verhalten in Lösung wurde durch Messen der Viskosität bestimmt.

2.3.1 Röntgenographische Untersuchungen

Die röntgenographische Untersuchung wurde an Proben mit verschiedener Vorgeschichte vorgenommen:

I)   Aus den einzelnen Fraktionen (Lösungsmittelgemisch aus Phenol, Äthanol und Wasser) durch Fällen mit Äther bei Raumtemperatur isoliert.

II) Aus Trifluoräthanol bei 30 °C durch Verdampfen des Lösungsmittels isotherm kristallisiert.

III) Aus Trifluoräthanol bei 65 °C durch Verdampfen des Lösungsmittels isotherm kristallisiert.

IV) Aus Äthanol bei Siedetemperatur durch Verdampfen des Lösungsmittels isotherm kristallisiert.

V)   Aus einem Äthanol/Trifluoräthanol-Gemisch (Volumenverhältnis 4:1) bei Siedetemperatur quasi-isotherm kristallisiert.
     Die Siedepunkte der reinen Flüssigkeiten liegen

mit 78 °C und 74 °C so nahe beeinander, daß IV
und V zusammen als isotherm kristallisiert angesehen werden kann, andererseits aber die großen
Unterschiede im Lösungsvermögen der Lösemittel
für Oligoamide zu berücksichtigen sind.

Röntgen-Weitwinkel-Untersuchungen wurden nur an den
Proben II und III durchgeführt. Alle Proben zeigen die
typischen "Polyamid-Reflexe", entsprechend Netzebenenabständen von ca. 4,4 Å und 3,7 Å als intensivste
Reflexe in den Diagrammen. Hieraus kann geschlossen
werden, daß alle untersuchten Oligoamide in einem
Schichtgitter kristallisieren mit Rostebenen aus über
Wasserstoffbrücken bzw. Dipolwechselwirkungen verbundenen Ketten.

Bei beiden Probenreihen II und III läßt sich eine Zunahme
der radialen Halbwertsbreiten der Polyamidreflexe bis
zu den Oligomeren mit n=5 und eine geringfügige Verringerung ab n=8 beobachten, was besagt, daß die
Kristallitgröße und/oder -qualität bei den Anfangsgliedern der Oligoamide verhältnismäßig hoch und
zwischen n=5 und n=8 vergleichsweise klein ist, bei den
höheren Gliedern aber wieder zunimmt. Die Lage der
Gitterinterferenzen wird durch die Veränderung der
Kristallisationstemperatur von 30 °C auf 65 °C nicht
beeinflußt. Ebenso sind keine nennenswerten Intensitätsunterschiede festzustellen. In den Diagrammen der Proben
II (n=4), II (n=6) und II (n=11) sowie III (n=3), III
(n=6) und III (n=10) sind schwache Interferenzen festzustellen, die Netzebenenabständen zwischen 4,0 Å und
4,1 Å entsprechen. Dies läßt die Vermutung zu, daß bei
diesen Proben ein kleiner Teil des Materials in einer
Form kristallisiert ist, bei der die Ketten hexagonal

gepackt sind (51). Werden diese Proben vor der röntgenographischen Untersuchung im Achatmörser kräftig zerrieben, so nimmt die Intensität dieser Reflexe ab (vergl. hierzu die Ergebnisse der DTA-Untersuchungen auf Seite 14).

Die Ergebnisse der Röntgen-Kleinwinkel-Untersuchungen sind in Tabelle 2.2 zusammengefaßt und in Abb. 2.2 graphisch dargestellt. Die Oligoamide mit n=2 und n=3 ergeben unter allen angewandten Kristallisationsbedingungen eine Langperiode, die nicht der theoretischen Moleküllänge entspricht. Das Tetramere zeigt, wenn es aus dem bei der Fraktionierung eingesetzten Lösungsmittelgemisch Phenol/Äthanol/Wasser mit Äther ausgefällt wird, zwei Langperioden von 34 Å und 48 Å. Der erste dieser beiden Werte setzt die der Reihe der Oligoamide mit n=2 und n=3 fort mit einem Inkrement von 6 Å pro Grundeinheit. Man kann annehmen, daß diese Oligoamide mit zur Basis geneigten Ketten kristallisieren (52). Aus dem Inkrement und der Länge einer gestreckten Grundeinheit von 8,6 Å (53) errechnet sich ein Neigungswinkel von ca. 45°. Aus diesem Neigungswinkel der in Tabelle 6 angegebenen theoretischen Länge der maximal gestreckten Moleküle mit der Identitätsperiode 8,6 Å und der gemessenen Langperiode der Anfangsglieder der homologen Reihe mit n=2, 3 und 4 errechnet sich ein zwischenmolekularer Abstand in Kettenrichtung von ca. 3,5 Å. Die sich aus den berechneten Moleküllängen und dem zwischenmolekularen Abstand ergebende theoretische Langperiode ist in Abb. 2.2 über n als durchgezogene Gerade eingezeichnet. Man erkennt, daß eine weitere Modifikation des Oligoamids mit n=4 exakt auf dieser Geraden liegt und die Abweichung der Einzelwerte mit steigendem n immer größer wird, bis je nach den Kristallisationsbedingungen die gemessenen Langperioden der

Tabelle 2.2

Berechnete Moleküllängen und gemessene Langperioden (Å)

n	MG	ber. Länge	I	II	III	IV	V
2	341	25,8		22 (III)	22 (III)	22,6 (III)	
3	454	34,4		28	28 (III)	27,4 (IV)	
4	567	43,0	34 (III)	47 (II)	46	47,7 (II)	
5	680	51,6	57 (II)	58 (II)	54 (II)		58
6	793	60,2		65 (II)	67 (II)	64,7 (II)	
7	906	68,8	74 (II) diffus	77	76		77
8	1019	77,4	45	87 diffus		86,0 (III)	88 diffus
9	1132	86,0	45	92 schwach diffus	103 diffus		97
10	1245	94,6	48 schwach				97
11	1358	103,2	48 schwach				92
12	1471	11,8	48	68 diffus			70
13	1584	120,4	48 schwach				
14	1697	129,0	48	67 diffus			68
Oligo- kondensat	2000			65	67		
Polymer	12000			73 diffus	78 diffus		

Die hinter den gemessenen Langperioden in Klammern aufgeführten römischen Ziffern bezeichnen die Anzahl der beobachteten Ordnungen.

Proben mit n > 7 bzw. n > 10 wesentlich kleiner als die berechneten Langperioden werden. Gleichzeitig mit dem Abweichen vom berechneten Wert nimmt die Anzahl der beobachtbaren höheren Ordnungen ab und werden die Langperioden-Reflexe diffuser. Oberhalb n=7 werden keine höheren Ordnungen mehr beobachtet. Die Langperioden-Reflexe werden wieder etwas schärfer, sobald sich die Periode abhängig von den Kristallisationsbedingungen wieder auf einen konstanten Wert eingestellt hat.

2.3.2 Dichte

An den Proben der bei 65 °C aus Trifluoräthanol kristallisierten Oligoamide wurden Dichtemessungen ausgeführt. In der Abb. 2.3 sind über n die Dichtebereiche angegeben, die von den pulverisierten Proben im Dichtegradientenrohr eingenommen wurden. Man erkennt in der Kurve auch hier wieder beim Tetrameren einen Haltepunkt, etwa gleiche Dichten der Oligoamide mit n=5-7 und ein Abfallen der Kurve sowie eine Zunahme des Streubereiches beim Oktameren.

2.3.3 Schmelzverhalten

Die untersuchten linearen, homologen Oligoamide besitzen keine scharfen Schmelzpunkte, sondern mehr oder weniger breite Schmelzbereiche, deren Lage von der Vorbehandlung, z.B. Kristallisationsgeschwindigkeit oder Kristallisationstemperatur, abhängt.

Um den Einfluß der Kristallisationsbedingungen auf das
Schmelzen der Oligoamide zu untersuchen, wurden diese
thermo-analytisch untersucht, wobei das Maximum des
endothermen Peaks als Schmelzpunkt gewertet wurde. Die
so definierten Schmelzpunkte wurden zunächst direkt
nach dem Ausfällen und dann nach einer isothermen
Kristallisation aus Trifluoräthanol gemessen. Oberhalb
des Pentameren wird kein nennenswerter Anstieg des
Schmelzpunktes mehr beobachtet. Nach isothermer
Kristallisation aus Trifluoräthanol bei 30 ^{o}C und
65 ^{o}C steigt der Schmelzpunkt auch oberhalb des Pentameren noch geringfügig an. Diese Resultate zeigen den
Einfluß der Kristallisationsbedingungen auf den
Schmelzpunkt, insbesondere der hohen Glieder der polymerhomologen Reihe (Tabelle 2.3).

Alle homologen Oligoamide außer den aus dem Elutionsmittel mit Äther ausgefällten Pentameren und Hexameren
zeigten nur einen Schmelzpeak im Differentialthermogramm. Diese Substanzen müssen also als Mischungen von
zwei Modifikationen vorgelegen haben.

Das Aufschmelzen der Substanzen erfolgte sowohl in
Glasröhrchen, wobei das Thermoelement direkt in der
Probe steckte (DTA), als auch eingekapselt in Aluminiumbehältern; in diesem Fall liegt das registrierende
Thermoelement außerhalb der Kapsel (DSC). Die Messungen
wurden sowohl direkt nach dem Umkristallisieren als auch
nach Pulverisieren der umkristallisierten Oligoamide
durchgeführt.

Beim Pentameren und Hexameren zeigt sich ein Unterschied
zwischen diesen beiden Meßverfahren. Das durch Messung
der nicht geriebenen Substanz erhaltene Thermogramm hat
jeweils zwei endotherme Schmelzpeaks und einen dazwischenliegenden exothermen Rekristallisationspeak

Tabelle 2.3

Schmelzpunkte [°C] der Oligoamide, ermittelt durch Differentialthermoanalyse (DTA) und "Differential Scanning Calorimetry" (DSC)

Anzahl der Grundbausteine des Oligoamids (n)	nicht umkristallisierte und nicht geriebene Substanzen, gemessen in Aluminiumkapseln in Laboratmosphäre (DSC)	umkristallisierte [30 °C] und [65 °C] und geriebene Substanzen, gemessen in Glasröhrchen unter Stickstoff (DTA)	
		30 °C	65 °C
2	157	153	155
3	184	181	182
4	199	196	196
5	212 und (182)	208	207
6	218 und (197)	199	205
7	205	206	210
8	212	213	213
9	213	218	216
10	214	216	220
11	214	220	220
12	214	221	222
13	214	224	224

von etwa gleicher Intensität wie der erste Schmelzpeak,
während die anderen durch Messung mit in Glasröhrchen
gefüllten geriebenen Substanzen erhaltenen Schmelz-
kurven nur einen endothermen Peak zeigen. Hierbei hat
durch Reiben wahrscheinlich eine Strukturveränderung
stattgefunden. Geriebene Oligoamide zeigten immer
schärfere Peaks als die nicht geriebenen (vgl. hierzu
die Ergebnisse der röntgenographischen Untersuchungen
auf S. 13).

2.3.4 Viskositätsverhalten

Viskositätsuntersuchungen spielen bei der Charakteri-
sierung von Makromolekülen eine bedeutende Rolle, da sie
Aufschluß über Gestalt, Struktur und Größe gelöster
Teilchen geben, die mit anderen Methoden kaum erfaßt
werden.

Das Staudinger'sche Gesetz

$$[\eta] = \frac{\eta_{sp}}{c} = KM$$

besagt, daß die Lösungsviskosität dem Molekulargewicht
proportional ist. Diese einfache Beziehung gilt nur für
Fadenmoleküle in sehr verdünnten Lösungen. K ist eine für
jede polymerhomologe Reihe charakteristische Konstante
(45). Später wurde von W. KUHN (54), R. HOUWINK (55)
und H. MARK (56) die modifizierte Staudinger-Gleichung

$$[\eta] = KM^{\alpha}$$

eingeführt, worin die Grenzviskosität

$$[\eta] \equiv \lim_{c \to 0} \frac{\eta_{sp}}{c}$$

bedeutet. Der Exponent α ist vom Verknäuelungsgrad der

Moleküle abhängig und liegt zwischen 2 im Falle starrer
Stäbchen und 0 im Falle starrer, dicht gebauter Kugeln
(57). Das Staudinger'sche Gesetz ist somit nur ein
Sonderfall für $\alpha = 1$, dem Fall lockerer, ganz durch-
spülter Knäuel. K ist eine weitere Konstante, die die
Beweglichkeit der Molekülketten charakterisiert und
somit vom untersuchten Polymer, vom Lösungsmittel und
von der Temperatur abhängt. Abweichend von der oben
angegebenen Beziehung verhalten sich nur die Anfangsglieder der polymerhomologen Reihen, wobei diese Abweichung unterschiedlich ist und offensichtlich von der
Primärstruktur abhängt (6, 46, 47).

Arbeiten über das Viskositätsverhalten von Oligoamiden
vom Nylon 6-Typ als Funktion der Kettenlänge sind von
ATEYA (9) durchgeführt worden. Seine durch schritt-
weisen Aufbau gewonnenen Oligoamide waren jedoch nicht
chromatographisch rein. Außerdem wurden statt der Grenzviskositäten der Oligoamide nur die Viskositätszahlen
bei einer bestimmten Konzentration bestimmt. Die aus
der Größe η_{sp}/c durch Extrapolation erhaltene Grenzviskosität ist jedoch sehr stark von der Konzentration
abhängig.

Die in der vorliegenden Arbeit dargestellten Oligoamide
ermöglichten ein Arbeiten mit Verbindungen mit defi-
niertem Molekulargewicht. Die Viskositätsmessung birgt
aber einige Schwierigkeiten in sich. Neben der Empfind-
lichkeit gegenüber geringen Temperaturschwankungen sinkt
die Viskosität der m-Kresollösung beim Stehen an der
Luft, wie schon A. GORDIJENKO (38) beschrieben hat.
Dieser Effekt tritt besonders bei den niedrigen Viskosi-
tätswerten der Oligoamide störend in Erscheinung. Als
Ursache dieser Viskositätssenkung konnte die Aufnahme
von Feuchtigkeit festgestellt werden. Um diese Störung
zu beseitigen, wurde für alle Messungen wassergesättigtes

m-Kresol als Lösungsmittel benutzt. Aus der Literatur
(58, 59) ist bekannt, daß m-Kresol bei Raumtemperatur
2,26 - 2,36 Gew.% Wasser aufnimmt. Daher wurde für die
vorliegenden Untersuchungen eine Mischung aus 2,4
Teilen Wasser und 100 Teilen m-Kresol verwendet. Die
Messungen erfolgten im Konzentrationsbereich von 0,4
- 0,8 Gew.% bei fünf verschiedenen Konzentrationen, um
mit einiger Sicherheit auf die Konzentration Null
extrapolieren zu können.

Für die einzelnen Glieder dieser oligomerhomologen
Reihe wurden lineare Beziehungen für die reduzierte
spezifische Viskosität η_{sp}/c in Abhängigkeit von der
Konzentration gefunden, so daß sich mit Hilfe einer
Ausgleichsrechnung die Ordinatenabschnitte

$$\lim_{c \to 0} \frac{\eta_{sp}}{c} \equiv [\eta]$$

(Grenzviskosität) bestimmen ließen (Abb. 2.4).

Die Abhängigkeit der Viskosität einzelner Oligoamide
von der Konzentration ist sowohl bei 20 °C als auch bei
50 °C linear. Bei 50 °C sind die Steigungen geringer
als bei 20 °C. Bei konstanter Temperatur sind die
Steigungen der Geraden für die einzelnen Oligoamide bis
zum Tetrameren innerhalb der Fehlergrenze der Messung
gleich. Vom Pentameren an werden die Steigungen größer,
wenn auch kein einheitlicher Zusammenhang zwischen Zunahme der Steigung und Kettenlänge festgestellt werden
kann.

In Abb. 2.5 sind die Logarithmen der Grenzviskositäten
der einzelnen Oligoamide gegen die Logarithmen ihrer
Molekulargewichte aufgetragen. Es wird ein anderer
Kurvenverlauf als bei ATEYA (9) gefunden. Beiden Untersuchungen gemeinsam ist eine Unstetigkeit bei n=7, die

mit einer Veränderung der Struktur der Oligoamide in
Lösung zusammenhängen muß (6).

Die Abweichungen der $\log[\eta]/\log$ M-Kurve von einer Geraden sind vom Dimeren bis zum Hexameren sehr gering.
Sie sind wesentlich kleiner als die Standardabweichung
der Einzelbestimmung. Die Steigung (α) beträgt im
Mittel 0,6. Ein ähnlicher Kurvenverlauf wurde für
$T = 20\ °C$ gefunden, wenngleich in diesem Fall die
Streuung der einzelnen Meßwerte noch größer war.

2.4 Diskussion der Ergebnisse der Untersuchungen an Oligoamiden

2.4.1 Gewinnung der Oligomere

Durch Umamidierung von Caprolactam mit Propionsäurepropylamid lassen sich sog. endgruppenfreie Oligoamide,
n-Propionyl-oligo-ε-aminocapronsäurepropylamide, herstellen. Spuren von Wasser wirken wahrscheinlich als
Auslöser der Polykondensation. Propionsäurepropylamid
tritt als Kettenlängenregulator in die Reaktion ein
und bewirkt somit, daß die Zahl der freien Endgruppen
gering bleibt. Durch Variation des molaren Verhältnisses
der beiden Verbindungen läßt sich die Ausbeute der
einzelnen Oligoamide steuern. Cyclische Amide werden
bei dieser Reaktion nicht gebildet, da Cyclo-bis-ε-aminocaproyl, das sich wegen seiner stabilen Konformation bevorzugt bilden sollte, nicht nachgewiesen werden
konnte. Aufgrund der niedrigen Gehalte an freien Amino-
und Carboxyendgruppen können sich nur sehr geringe
Mengen an endgruppenhaltigen Oligoamiden gebildet haben.
Dies kann dadurch erklärt werden, daß die Kettenauslösung der Oligokondensation durch ein Spaltprodukt des
Propionsäurepropylamids erfolgt. Die Kette pflanzt sich

durch Ankondensation von Caprolactam so lange fort, bis
sie durch ein weiteres Propionsäurepropylamid abgesättigt wird.

Für die Fraktionierung der homologen Oligoamide eignet
sich ein ternäres Lösungsmittelgemisch aus Phenol/
Äthanol/Wasser (1:2,6:1,6) [v/v]. Hier dient das Phenol
als Lösungsmittel für die Oligoamide und das Wasser als
Quellungsmittel für die Polydextrangele (Sephadexgele).
Das Äthanol wirkt lediglich als Lösungsmittelvermittler
zwischen Phenol und Wasser und als leicht entfernbare
Verdünnung. Das alkylierte Polydextrangel "Sephadex
LH-20" ist für die Fraktionierung der Oligoamide am
besten geeignet, da die Alkylierung seinen hydrophoben
Charakter verstärkt hat und dadurch die Quellung in
organischen Lösungsmitteln größer und ein Eindringen
dieser Lösungsmittel in die Porenstruktur möglich ist.
Letzteres kann aber nicht der alleinige Grund für eine
erfolgreiche Fraktionierung im genannten System sein,
da diese durch die Gegenwart von Wasser noch verbessert
wird. Die Ursachen für diesen besonderen Effekt des
Wassers wurden nicht näher untersucht.

2.4.2 Physikalische Untersuchung der Oligomere

Die Röntgenuntersuchungen zeigen, daß alle Oligoamide
wie das entsprechende Polymere in einem Schichtgitter
kristallisieren. Gleiche Beobachtungen wurden in dieser
oligomerhomologen Reihe und bei ähnlichen Oligoamiden
von anderen Autoren (9, 51, 60, 61) gemacht. Neben der
Schichtgitter-Modifikation kann vorzugsweise bei höheren
Kristallisationstemperaturen eine hexagonale Modifikation bereits bei Oligomeren mit $n > 2$ auftreten. Die
niederen Glieder mit $n=2$ bis $n=4$ kristallisieren mit zur
Basis geneigten Ketten bei einem konstanten Neigungswinkel von ca. $45°$. Beim Tetrameren wird je nach den

Kristallisationsbedingungen aber auch eine Modifikation
mit senkrecht auf der Basis stehenden Ketten beobachtet.
Der Übergang zur Modifikation mit senkrecht auf der
Basis stehenden Ketten scheint gleichzeitig mit einem
Übergang zu einem zunehmend nematischen Kristallisations-
zustand verbunden zu sein, da mit wachsender Kettenlänge
$n > 4$ die Abweichung der gemessenen Langperiode von der
berechneten immer größer wird und auch die Langperioden-
reflexe diffuser sowie gleichzeitig die Halbwertsbreiten
der "Polyamid-Reflexe" immer größer werden.

Bei vollständiger Kristallisation sollten die Dichten
der Proben mit wachsender Kettenlänge stetig zunehmen,
da bezogen auf die Gesamtmasse der Moleküle die End-
gruppenkonzentration und damit die Anzahl der Grenz-
flächen in Kettenrichtung abnimmt. Man erkennt aber bereits beim Tetrameren einen Haltepunkt in der Dichte-
kurve, der einen zu den niederen Gliedern vergleichsweise
geringeren Kristallisationsgrad anzeigt. Ähnliche Beobachtungen wurden von HALBOTH (61) beim Übergang vom
Tetrameren zum Pentameren in der Reihe der Carbobenzoxy-
oligo-ε-aminocapronsäuren durch röntgenographische Messung
des Kristallanteils gemacht. Die Glieder mit $n=5$ bis 7
haben praktisch gleiche Dichten, was sich zwanglos
durch eine zunehmend nematische Kettenanordnung erklären
läßt, da durch eine Endgruppe zwischen durchlaufenden
Ketten eine Störstelle eingeführt wird, die sich in einem
verminderten Kristallanteil äußert. Die vergleichsweise
starke Verringerung der Dichte beim Oktameren ist wahrscheinlich auf beginnende Kettenüberfaltung zurückzuführen. Diese ist bei den mit Äther aus dem zur Fraktionierung benutzten Lösungsmittelgemisch ausgefällten
Proben mit $n > 7$ bereits so ausgeprägt, daß keine den
Moleküllängen entsprechende Langperiode mehr beobachtet
werden kann.

Die Untersuchungen der Langperioden zeigen ferner, daß bei der Kristallisation aus Lösungsmitteln der Beginn der Überfaltung weniger von der Kristallisationstemperatur als vielmehr vom Lösungsmittel bzw. Lösungsmittelsystem abzuhängen scheint. Wie auch die viskosimetrischen Untersuchungen ergeben, ist die Kettenüberfaltung offensichtlich schon in Lösung vorgebildet und von der Solvatation der gelösten Moleküle bestimmt.

Analog zu den Untersuchungen von ZAHN und PIEPER (51) und ATEYA (9) wird auch hier Kettenüberfaltung nur bei Oligomeren mit $n > 7$ beobachtet. Die Faltungslänge ist allerdings bei den mit Äther aus Phenol/Äthanol/Wasser ausgefällten Proben mit 45 - 48 Å wesentlich geringer als die von ZAHN und PIEPER (51) mit 54 - 58 Å bei den aus Äthanol kristallisierten Proben bzw. von ATEYA (9) mit 74 - 80 Å bei den aus Trifluoräthanol/Äther kristallisierten Proben beobachteten minimalen moleküllängenunabhängigen Langperioden. Die Untersuchung des Schmelzverhaltens der Oligoamide bestätigt die aufgrund der röntgenographischen Untersuchungen getroffenen Feststellungen, daß die Oligoamide mit mittlerer Kettenlänge in einer weiteren relativ instabilen Modifikation kristallisieren können. Das Schmelzverhalten der höheren Glieder dieser oligomerhomologen Reihe wird offensichtlich von der Faltungslänge der Moleküle bestimmt.

Nach der von ZAHN und GLEITSMANN (60) gegebenen Definition sind Oligoamide mit $n > 7$ wegen des erstmaligen Auftretens von molekülunabhängigen Langperioden und der damit verbundenen ausgeprägten Abhängigkeit der physikalischen Eigenschaften von der Vorgeschichte der Proben als Pleionomere zu bezeichnen. Offensichtlich hängt der Übergang von Oligomeren zu Pleionomeren nicht von der bei der Kettenüberfaltung erreichbaren minimalen Faltungslänge ab.

Die viskosimetrischen Messungen zeigten wie schon bei den Untersuchungen von ATEYA (9) eine Unstetigkeit der Funktion $[\eta] = f(M)$ bei n=7. Diese Änderung des Kurvenverlaufs läßt sich zusammen mit Dichteuntersuchungen und den röntgenographischen Messungen widerspruchslos mit einer vom Heptameren beginnenden Strukturänderung (Kettenüberfaltung) in Lösung vereinbaren. Gegenüber den Arbeiten von ATEYA zeigte sich bei unseren Untersuchungen ein anderer Verlauf der Funktion vom Dimeren bis Hexameren. Eine weitergehende Deutung dieser Feststellung bedarf zusätzlicher Untersuchungen, da der genaue Verlauf aufgrund der relativ hohen Fehlergrenzen der Bestimmungen der Grenzviskositäten nicht bekannt ist. Ein Vergleich mit den Arbeiten von ATEYA ist insofern nicht möglich, da ATEYA seine Messungen nur bei einer Konzentration durchgeführt hat und daher wegen der starken, innerhalb der oligomerhomologen Reihe unterschiedlichen Abhängigkeit von $[\eta]$ von c keine Übereinstimmung zu bestehen braucht.

3. Nylon 6

3.1 Auswahl eines geeigneten Elutionsmittels

Das Lösungsmittel (Elutionsmittel) soll die durch zwischenmolekulare Kräfte zusammengehaltenen polymeren Moleküle trennen. Seine Wahl richtet sich daher weitgehend nach dem chemischen Charakter der makromolekularen Verbindungen. Für Polyamide kommen als Lösungsmittel folgende Verbindungen in Frage: Trifluoräthanol, Tetrafluorpropanol, Phenol, m-Kresol, o-Chlorphenol u.a.. Für die vorliegenden Fraktionierversuche wurde Phenol ausgewählt, da es ein guter und preiswerter Löser ist. Als zusätzliche polare Lösungsmittel, welche die Viskosität verringern und gleichzeitig das verwendete Gel quellen, wurden Äthanol bzw. Gemische von Äthanol und Wasser zugesetzt. In diesem System ist Sephadex LH-20 maximal gequollen. In späteren Versuchen an makroporösen Kieselgelen war zur Unterdrückung der Adsorption ein Zusatz von Wasser erforderlich.

Zur Auffindung des optimalen Trennsystems wurden Lösungen von Nylon 6 in Phenol bei verschiedenen Temperaturen unter Rühren tropfenweise mit Äthanol oder Wasser bis zur bleibenden Trübung versetzt. Hierbei ist zu beachten, daß Polymerlösungen sehr stark zur Übersättigung neigen.

Die Ergebnisse dieser Untersuchungen sind in Tabelle 3.1 und 3.2 zusammengefaßt. Sie zeigen, daß ein Lösungsmittelsystem Phenol/Äthanol (1:1,2 v/v) für Nylon 6 geeignet ist. Zu Löslichkeitsuntersuchungen wurden der Einfachheit halber nur Phenol/Äthanol-Mischungen im Volumenverhältnis 1:1 und 1:2 bei der Trübungstitration mit Wasser vorgelegt. Die Ergebnisse dieser Untersuchungen zeigen, daß die Löslichkeit von Nylon 6 bei nur geringer Variation der Lösungsmittelzusammensetzung sehr stark ansteigt. Bei erhöhtem Äthanolanteil (Phenol/Äthanol =

1:2) $[v/v]$ wird die Löslichkeit verbessert, d.h. bei
gleicher Nylonkonzentration kann mehr Nichtlöser
(Wasser) in dem Gemisch enthalten sein. Nach diesen
Untersuchungen schien unter Berücksichtigung eines
ausreichenden Überschusses an gutem Lösungsmittel
(Phenol) ein Gemisch aus Phenol/Äthanol/Wasser mit
einem Volumenverhältnis 1:2,7:2,2 für die vorzunehmenden
gelpermeationschromatographischen Trennungen geeignet
zu sein. Voruntersuchungen zeigten jedoch, daß der
Fraktioniereffekt bei reduziertem Wassergehalt besser
ist.

Tabelle 3.1

Ergebnisse der Löslichkeitsbestimmung von Nylon 6 im System Phenol/Äthanol (Zimmertemperatur)

Nylon 6 (g)	Phenol (g)	bis zur Trübung verbrauchte Äthanolmenge (g)	Gew.% Nylon in der Lösung
0,1028	20	56,8	0,13
0,1995	20	52,1	0,28
0,3985	20	48,9	0,58
0,6050	20	43,4	0,95
0,8068	20	42,6	1,29
1,0016	20	41,0	1,64
1,4028	20	38,7	2,39
1,8000	20	37,1	3,15
2,0052	20	36,3	3,56

Tabelle 3.2

Ergebnisse der Abhängigkeit der eingesetzten Menge von Nylon 6 von der Äthanolmenge und von der Zeit (bei Zimmertemperatur)

Nylon 6 (g)	Phenol (g)	zugegebene Äthanolmenge (g)	Gew.% Nylon in der Lösung	bis zur Trübung verbrauchte Zeit (h)
1,0080	20	39,5	1,69	2
1,0038	20	35,5	1,81	5
1,0070	20	31,6	1,95	10
1,0080	20	27,6	2,12	16
1,0043	20	23,7	2,30	36
1,0010	20	19,7	2,52	72
0,4033	20	39,5	0,68	3
0,4042	20	35,5	0,73	8
0,3998	20	31,6	0,77	11
0,3979	20	27,6	0,84	18
0,4014	20	23,7	0,92	240
0,4030	20	19,7	1,02	>240
2,0027	26	29,2	3,63	24
2,0009	26	27,6	3,74	72
1,9976	26	26,1	3,83	166
2,0023	26	23,7	4,03	240

3.2 Fraktionierung von Nylon 6

3.2.1 Trennung an "Sephadex LH-20"

Die präparative Fraktionierung von Nylon 6 erfolgte zunächst in dem Lösungsmittelgemisch Phenol/Äthanol (1:1,2) [v/v] an Sephadex LH-20. In Abb. 3.1 ist die durch Auswägen von 24 Einzelfraktionen erhaltene integrale Massenverteilung einer Fraktionierung wiedergegeben. Es wurden nur etwa 95 % der eingesetzten Probenmenge (1 g) wiedergewonnen. Ein geringfügiger Verlust ist bei der Isolierung der Einzelfraktionen unvermeidlich. Von einigen der Fraktionen wurde viskosimetrisch das Molekulargewicht bestimmt und der Logarithmus des Molekulargewichts gegen das Elutionsvolumen aufgetragen. Nach DETERMANN (62) besteht innerhalb bestimmter Molekulargewichtsbereiche zwischen diesen beiden Größen eine lineare Beziehung. Wie aus Abb. 3.1 zu entnehmen ist, wurde diese lineare Beziehung nur bis zu einem Molekulargewicht von $\sim$12000 erhalten. Hier liegt, wie mit hochmolekularem Cellulose-2 1/2-Acetat festgestellt wurde, die Ausschlußgrenze des mit Phenol/Äthanol (1:1,2) [v/v] gequollenen Sephadex LH-20. Der überstrichene Molekulargewichtsbereich des vom Gel nicht ausgeschlossenen Massenanteils ($\sim$80 %) ist sehr klein. Wahrscheinlich überlagern sich in dem beschriebenen System netzwerklimitierte Verteilung und Adsorption des zu fraktionierenden Polymeren.

Größere Probenmengen führten wegen Überschreitung der Säulenkapazität zu schlecht reproduzierbaren Ergebnissen.

3.2.1 Trennung an "Merckogelen"

Aus den Versuchen über die Fraktionierung von Nylon 6 im Lösungsmittelgemisch Phenol/Äthanol (1:1,2) [v/v] an

Sephadex LH-20-Gel folgte, daß die Fraktionierung des
Polymeren wegen der Ausschlußgrenze des Sephadex LH-20-
Gels nicht vollständig war. Deshalb wurde der Fraktionier-
versuch an einem nicht quellbaren, makroporösen Kieselgel (Merckogel SI 150) mit einer Ausschlußgrenze für
Polystyrol von 10^5 wiederholt. In Abb. 3.2 ist die
integrale Mengenverteilung einer solchen Fraktionierung
wiedergegeben. Sie wurde nach 20 Fraktionen von je 40 ml
abgebrochen, obwohl erst 70 % des aufgegebenen Polymeren wiedergewonnen waren. Die bleibende Steigung der
integralen Mengenverteilungskurve gegen Ende der
Fraktionierung läßt eine starke Adsorption des Polymeren
am Kieselgel vermuten. Der überstrichene Molekulargewichtsbereich war jedoch bereits wesentlich größer und
auch kein Ausschluß eines Teils des eingesetzten Nylon 6
erkennbar (Abb. 3.3).

Um die Adsorption zu verringern, wurde dem Elutionsmittel Wasser zugesetzt, das die Oberfläche des hydrophilen Kieselgels absättigen sollte. Nunmehr wurden in
15 Fraktionen von je 40 ml 95 % des Polymeren eluiert
(Abb. 3.2). Der Verlust von 5 % ist mit Sicherheit nicht
auf Adsorption durch das Gel zurückzuführen, sondern
wiederum darauf, daß das Polymere aus den Einzelfraktionen
nicht quantitativ isoliert werden konnte. Die Massenver-
teilungskurven sind gut reproduzierbar. Die in Abb. 3.3
enthaltene Darstellung der Logarithmen der viskosimetrisch
bestimmten Molekulargewichte der Einzelfraktionen in
Abhängigkeit vom Elutionsvolumen lassen für die beiden
Fraktionierungen an Kieselgel wegen der ungefähr gleichen
Steigungen der Geraden einen in etwa gleichen Fraktioniereffekt vermuten.

Nach der Form der Massenverteilungskurve des Versuches
ohne Wasserzusatz ist es aber wahrscheinlich, daß in

diesem Fall durch die Überlagerung von netzwerklimitierter Verteilung und Adsorption die Einzelfraktionen weitgehend "uneinheitlich" sind. Aus dem Knick in der Kurve bei dem Versuch mit Wasserzusatz kann auf eine Herabsetzung des Ausschlußvolumens in dem Molekulargewichtsbereich von 14000 geschlossen werden. Möglicherweise wird von der Oberfläche des hydrophilen Gels eine Wasserschicht adsorbiert, in die das Polymere nicht eindringen kann. Dieser Effekt würde eine Verringerung der Porenvolumina und ebenso wegen der dann auszuschließenden Adsorption des Polymeren die geringere Elutionsbreite erklären.

Als weiteres Kieselgel wurde Merckogel SI 500 eingesetzt, dessen mittlere Porenweite mit 500 Å und dessen Ausschlußgrenze für Vinylpolymere mit $4 \cdot 10^5$ angegeben wird. Wie Abb. 3.4 zeigt, waren die Fraktionierergebnisse gut reproduzierbar. Als Elutionsmittel wurde das als optimal ermittelte ternäre Gemisch Phenol/Äthanol/Wasser im Verhältnis 1:1,2:0,4 (V/V) eingesetzt. Es wurden insgesamt zwischen 92 und 98 % der Aufgabemenge zurückgewonnen.

Zur Ermittlung einer eventuellen Ausschlußgrenze wurden die Logarithmen der viskosimetrisch ermittelten Molekulargewichte gegen das Elutionsvolumen V_e aufgetragen. Zwischen diesen beiden Größen soll bei netzwerklimitierter Verteilung eine lineare Funktion bestehen (62). Allerdings existiert noch kein theoretisch eindeutiger Beweis für diese lineare Abhängigkeit, von der experimentell zahlreiche Abweichungen gefunden worden sind (63). Wie bei Merckogel SI 150 zeigte sich ein Knickpunkt bei einem Molekulargewicht von ca. 14000 (Abb. 3.5). Ob dieser Knickpunkt tatsächlich einer Ausschlußgrenze entspricht, kann mit den derzeitigen Ergebnissen nicht eindeutig geklärt werden. Hierzu sind Versuche mit höhermolekularen Polyamiden und anderen Lösungsmittelgemischen erforderlich. Gegen das Argument einer Ausschlußgrenze spricht die gute Übereinstimmung der Knickpunkte beim Merckogel SI 150 und SI 500, obwohl sich die beiden Gele sehr deutlich in ihrer Ausschlußgrenze für Vinylpolymere in organischen Lösungsmitteln und in ihrer mittleren Porenweite unterscheiden.

In Abb. 3.6 ist die integrale Verteilungskurve von zwei Fraktionierungen an Merckogel SI 500 aufgezeichnet. Hierbei ist festzustellen, daß bei Aufgabe von 1 g eine deutliche Verschiebung des Elutionsvolumens zu größeren Werten hin erfolgt. In beiden Fällen überschreitet der Wert von (V_e-V_o) das innere Volumen (Porenvolumen) des Gels, das aus Angaben des Herstellers (64) zu ca. 250 ml berechnet wurde. Bei der höheren Beladung der Säule wird V_e größer als das Gesamtvolumen der Säule. Während sich ein geringes Überschreiten zwanglos mit der Elutionsgleichung (I) für die netzwerklimitierte Verteilung vereinbaren läßt (65), da die K-Werte (Verteilungskoeffizient) sowohl etwas oberhalb als auch unterhalb 1 liegen können, deutet die starke Abweichung bei 1 g auf eine Überladung der Säule hin.

$$V_e = V_o + \frac{\alpha}{K} V_i \qquad (I)$$

V_e = Elutionsvolumen,
V_o = äußeres Volumen,
V_i = inneres (Poren)Volumen,
α = substanzspezifischer zugänglicher Anteil des Porenvolumens,
K = Verteilungskoeffizient zwischen äußerer und innerer Phase.

Allerdings treten bei der Trennung von Polymeren Störungen auf, die eine lineare Verschiebung des Elutionsvolumens abhängig von der Probenmenge bewirken. Dieser Effekt wächst mit steigendem Molekulargewicht. Die hier gefundenen Abweichungen sind jedoch für eine solche Erklärung zu groß.

Weitere Versuche an einem Kieselgel mit höherer Ausschlußgrenze (10^6 für Polystyrol) und Porendurchmesser von ca. 1000 Å verliefen negativ. Es war kein Fraktioniereffekt mehr feststellbar. Diese Tatsache stimmt mit Angaben des Herstellers überein, der eine untere Fraktioniergrenze bei einem mittleren Molekulargewicht von ca. 20000 für Polystyrol feststellte (64).

3.3 Diskussion der Ergebnisse

Die Fraktionierung von Nylon 6 an Sephadex LH-20 ist aufgrund der Ausschlußgrenze (10^4) dieses Gels nicht vollständig. Bei einem makroporösen Kieselgel-Merckogel SI 150 mit einer Ausschlußgrenze von 10^5 ist die Fraktionierung verbessert. Als Elutionsmittel bei diesem Kieselgel eignen sich die Lösungsmittelgemische Phenol/Äthanol = 1:1,2 [v/v] und Phenol/Äthanol/Wasser = 1:1,2:0,4 [v/v]. Aus den Diagrammen der integralen Mengenverteilung und der log $\overline{M}_v$-V_e-Beziehung der Fraktionen (Abb. 3.2 und 3.3) ist zu erkennen, daß
- obwohl der überstrichene Molekulargewichtsbereich bei Einsatz des Elutionsmittels ohne Wasserzusatz bereits wesentlich größer ist und auch kein Ausschluß eines Teiles des eingesetzten Nylon 6 erkennbar war - jedoch bei den gleichen Elutionsvolumina eine viel geringere (70 %) Menge der aufgegebenen Polymeren als bei dem

Elutionsmittel mit Wasserzusatz (höher als 96 %) wiedergewonnen wurde. Diese Erscheinung ist wahrscheinlich auf starke Adsorption des Polymeren am Kieselgel zurückzuführen.

Die Oberfläche des hydrophilen Kieselgels kann zur Herabsetzung der Adsorption durch Wasser abgesättigt werden. Ein Knick in der Kurve der log $\bar{M}_v$-V_e-Beziehung deutet jedoch hier auf eine Herabsetzung der Ausschlußgrenze in den Molekulargewichtsbereich von 14000 hin. Möglicherweise wird von der Oberfläche des hydrophilen Gels eine Wasserschicht adsorbiert, in die das Polymer nicht eindringen kann. Dieser Effekt würde eine Verringerung der Porenvolumina und ebenso wegen der dann auszuschließenden Adsorption des Polymeren die geringere Elutionsbreite erklären. An Merckogel SI 500 läßt sich eine präparative Fraktionierung durchführen, wenn man die geringe Kapazität berücksichtigt. Die Ausschlußgrenze liegt auch hier bei ca. 14000. Dieser Effekt ist nur schwer zu erklären. Da es für die allgemein angenommene lineare log $\bar{M}_v$-V_e-Beziehung bisher keine theoretische eindeutige Herleitung gibt und in manchen Fällen in einem bestimmten Bereich eine Abweichung von der linearen Beziehung beobachtet wird, kann die festgestellte Abweichung von dieser Beziehung nicht mit Sicherheit als Ausschlußgrenze angesehen werden.

An Merckogel SI 1000, das eine Ausschlußgrenze von 10^6 für Polystyrol besitzt, konnte keine Trennung beobachtet werden. Diese Feststellung läßt sich durch die vom Hersteller angegebene untere Fraktioniergrenze von 20000 erklären.

Eine präparative Fraktionierung von Nylon 6 durch Gelpermeationschromatographie ist an Merckogel SI 150 und 500 unter Einsatz eines ternären Fließmittelsystems aus Phenol, Äthanol und Wasser (1:1,2:0,4) $[v/v]$ möglich, wobei ein Knick in der log $\overline{M}_v$-V_e-Kurve bei einem Molekulargewicht von ca. 14000 auftritt. Die geringe Kapazität des verwendeten Kieselgels muß durch Vergrößerung der Säulendimensionen kompensiert werden, wenn man genügend Substanz zu physikalischen Untersuchungen oder zu Eichzwecken gewinnen will.

4. Experimentelle Einzelheiten

4.1 Herstellung der Oligoamide durch Kondensation

Propionsäurepropylamid wurde nach bekannten Methoden aus Propionylchlorid und Propylamin hergestellt und vor dem Einsatz fraktioniert destilliert.

ε-Caprolactam wurde aus wenig Cyclohexan umkristallisiert und im Vakuum getrocknet.

Beide Ausgangssubstanzen wurden in verschiedenen molaren Verhältnissen (Propionsäurepropylamid/Caprolactam 1:5, 1:10 und 1:15) in einem Bombenrohr, das zur Entfernung von Sauerstoff und Feuchtigkeit mehrmals mit trockenem Stickstoff gespült und evakuiert worden war, umgesetzt. Die Reaktionstemperaturen betrugen 200 - 260 °C jeweils in Stufen von 10 °C, die Reaktionszeiten 24, 72 und 166 h. Nach dem Erkalten wurde die erstarrte Schmelze pulverisiert und zur Entfernung der Ausgangssubstanzen acht Stunden im Soxhlet mit Diäthyläther extrahiert. Hierbei wurden gleichzeitig das Monomere und Dimere herausgelöst. Der Rückstand wurde 72 h mit Methanol und 72 h mit n-Propanol/Wasser 72:28 ausgezogen. Beide Lösungen wurden zur Trockene eingeengt und zu Fraktionierversuchen herangezogen.

4.2 Fraktionierung der Oligoamide

Sephadex LH-20 wurde im Elutionsmittelgemisch Phenol/Äthanol/Wasser 24 h gequollen und anschließend mit dem Elutionsmittel in die Säule eingeschlämmt. Es wurde mindestens 72 h mit dem Elutionsmittel gespült. Proben von jeweils 300 mg wurden auf die Säule (Säulendimension 400 x 2 cm) aufgegeben und bei Raumtemperatur unter dem

hydrostatischen Überdruck des Elutionsmittelreservoirs
(ca. 4,50 mWS) bei Geschwindigkeiten von 7 - 10 ml/h
eluiert. Fraktionen von 5 ml wurden mit Hilfe eines
Fraktionssammlers aufgefangen.

Die fraktionierten Anteile wurden direkt dünnschichtchromatographisch untersucht. Fraktionen einheitlicher
Substanz wurden zusammengegeben und nach Einengen mit
Äther ausgefällt, phenolfrei gewaschen und während 72 h
im Vakuumexsikkator bei 40 °C getrocknet.

4.3 Endgruppenbestimmung

Die Bestimmung der Endgruppen erfolgte durch potentio-
metrische Titration nach SCHEFER (66).

4.4 Löslichkeitsuntersuchungen

Definierte Mengen Nylon 6 wurden in bestimmter Menge
Phenol unter Erwärmen und Rühren gelöst. Bei Zimmertemperatur wurde tropfenweise Äthanol bis zur Trübung zugegeben. Für die Untersuchungen der Abhängigkeit der
Trübung von der Zeit wurden in gleicher Weise Lösungen
verschiedener Mengen von Äthanol zugegeben und die Zeit,
bei der die erste Trübung auftrat, festgehalten.

4.5 Quellungsmessungen

Die Quellfähigkeit der verschiedenen Gel-Typen in den
verwendeten Lösungsmitteln wurde bestimmt, indem man

jeweils 1 g Gel mit den Lösungsmittelsystemen in einem
Meßzylinder bei Zimmertemperatur über Nacht stehenließ
und das Volumen des gequollenen Gels ablas.

4.6 Fraktionierung von Nylon 6

Zur gelpermeationschromatographischen Fraktionierung
wurde ein Nylon 6 vom viskosimetrisch bestimmten mittleren
Molgewicht 12000 eingesetzt. Beim Versuch mit "Sephadex
LH-20" war die Dimension des Gelbettes (4 x 250 cm),
die Temperatur 25 °C, die Elutionsgeschwindigkeit
40 ml/h und das Volumen der Fraktionen 40 ml. Zur
Fraktionierung wurde 1 g Polymer gelöst in 27 ml
Lösungsmittelgemisch aufgegeben. Für die Polymer-
fraktionierungen an Kieselgel wurden "Merckogel SI 150,
SI 500 und SI 1000" eingesetzt. Das Gelbett der thermo-
statisierten Säule hatte die Dimension 1,8 x 200 cm,
die Temperatur betrug 25 °C, die Elutionsgeschwindigkeit
war 30 ml/h. Es wurden 1 g (0,5 g) Nylon 6 in 30 ml
Lösungsmittelgemisch aufgegeben und 40 ml-Fraktionen
aufgefangen.

4.7 Viskositätsmessung

Die Lösungsviskositäten wurden in Anlehnung an SNV
95590, Ausgabe 1964, durchgeführt. Es wurden je 50 mg
Substanz bei Zimmertemperatur in 10 ml wassergesättigtem
m-Kresol unter Schütteln gelöst. Die Viskosität wurde
bei 20 °C $\pm$ 0,01 °C bzw. 50 °C $\pm$ 0,01 °C in einem
Oswald-Viskosimeter gemessen. Der Kapillarendurchmesser
betrug 0,3 mm; eine Korrektur der Meßwerte war wegen der
geringen Durchflußgeschwindigkeiten nicht erforderlich.

4.8 Röntgenographie

Die Röntgen-Weitwinkel-Diagramme wurden mit Ni-gefilterter Cu-Kα-Strahlung in einer Debye-Scherrer-Kamera mit einem Radius von 57,3 mm aufgenommen.

Die Röntgen-Kleinwinkel-Untersuchungen erfolgten ebenfalls mit Ni-gefilterter Cu-Kα-Strahlung. Es wurden verschiedene Kameras mit 3 Lochblenden und Dimensionierung nach JELLINEK (67) eingesetzt. Zur Probenhalterung dienten Lindemann-Glaskapillaren von 1 mm Durchmesser.

4.9 Dichtemessung

Dichtemessungen an den Proben, die aus Trifluoräthanol bei 65 °C durch Verdampfen des Lösungsmittels isotherm kristallisierten, wurden bei 25 °C nach der Schwebemethode im Flüssigkeitsgemisch aus Tetrachlorkohlenstoff und Ligroin mit linearem Dichtegradienten vorgenommen. Zur Überprüfung der Reproduzierbarkeit wurde jede Probe zweimal gemessen, wobei sich die gleichen Werte ergaben.

4.10 Differentialthermoanalyse

Das Schmelzverhalten der molekulareinheitlichen Oligoamide wurde mit einem Differential-Thermal-Analyse-Gerät, Typ 900 der Firma Du Pont de Nemours, bei einer Aufheizgeschwindigkeit von 25 °C pro Minute aufgezeichnet. Als Schmelzpunkte werden die Maxima der endothermen Schmelzpeaks angegeben.

5. Literatur

1) W. H. Carothers u. G.H. Berechet,
   J. Amer. chem. Soc. 52 (1930) 5289

2) P. Schlack u. K. Kunz,
   Chemische Textilfasern, Filme und Folien,
   Enke-Verlag Stuttgart (1953) 629

3) G.M. van der Want u. A.J. Stavermann,
   Recueil Trav. chim. Pays-Bas 71 (1952) 379

4) W. Kern,
   Chemiker-Ztg. 76 (1952) 667

5) H. Zahn et al.,
   Angew. Chem. 68 (1956) 229

6) G. Heidemann,
   Encyclopedia of Polymer Sci. and Technol. 9 (1968) 485

7) H. Zahn und D. Hildebrand,
   Chem. Ber. 90 (1957) 320 u. 92 (1959) 1963

8) B. Dallmann,
   Dissertation TH Aachen 1961

9) K. Ateya,
   Dissertation TH Aachen 1964

10) P. Kusch u. H. Zahn,
    Angew. Chem. 77 (1965) 720

11) H. Zahn u. P. Kusch,
    Z. ges. Textilind. 69 (1967) 880

12) L.F. Beste u. R.C. Houtz,
    J. Polymer Sci. 8 (1952) 395

13) J. Porath u. P. Flodin,
    Nature 183 (1959) 1657

14) J.C. Moore,
    J. Polymer Sci. A-2 (1964) 835

15) J.W. Breitenbach, H.G. Burger u. A. Schindler,
    C.A. 57 (1962) 2392

16) L.E. Maley,
    J. Polymer Sci. C-8 (1965) 253

17) G. Meyerhoff,
    Makromolekulare Chem. 89 (1965) 282

18) H.J. Cantow, E. Siefert u. R. Kuhn,
    Chem.-Ing.-Techn. (1966) 1032

19) P. Fritzsche u. V. Gröbe,
    Faserforsch. u. Textiltechn. 17 (1966) 474

20) L.H. Tung, J.C. Moore u. G.W. Knight,
    J. appl. Polymer Sci. 10 (1966) 1261

21) P. Fritzsche,
    Faserforsch. u. Textiltechn. 18 (1967) 21

22) J. Heller u. J. Moacanin,
    J. Polymer Sci. B-6 (1968) 595

23) D.N. Cramond, J.M. Hammond u. J.R. Urwin,
    European Polymer J. 4 (1968) 451

24) W.B. Smith, J.A. May u. W.K. Chong,
    J. Polymer Sci. A-2 (1966) 365

25) Nobuyuki Nakajima,
    J. Polymer Sci. A-2 (1966) 101

26) J.C. Moore u. J.G. Hendrickson,
    J. Polymer Sci. C-8 (1965) 233

27) W. Heitz, H. Ullner u. H. Höcker,
    Makromolekulare Chem. 98 (1966) 42

28) W. Heitz, K.L. Platt, H. Ullner u. H. Winau
    Makromolekulare Chem. 102 (1967) 63

29) W. Heitz u. J. Coupek,
    Makromolekulare Chem. 105 (1967) 280

30) J. Coupek u. W. Heitz,
    Makromolekulare Chem. 112 (1968) 286

31) W. Heitz u. J. Coupek,
    J. Chromatog. 36 (1968) 290

32) W. Heitz u. H. Ullner,
    Makromolekulare Chem. 120 (1968) 58

33) W. Heitz, B. Bömer und H. Ullner,
    Makromolekulare Chem. 121 (1969) 102

34) W. Heitz u. K.L. Platt,
    Makromolekulare Chem. 127 (1969) 113

35) W. Heitz u. H. Winau,
    Makromolekulare Chem. 131 (1970) 75

36) J.B. Carmichael,
    Makromolekulare Chem. 122 (1969) 291

37) P.S. Ede,
    Reprints, Seventh International Seminar on Gel
    Permeation Chromatography, Monaco (1969)

38) A. Gordijenko,
    Faserforsch. u. Textiltechn. 4 (1953) 499

39) F. Wiloth,
    Makromolekulare Chem. 14 (1954) 156

40) J. Juilfs,
    Z. Kolloid 141 (1955) 88

41) I. Minter u. S. Birnbaum,
    Rev. chim. (Bucharest) 8 (1957) 271; Ref. C.A. 52
    (1958) 840

42) W. Griehl u. H. Lückert,
    J. Polymer Sci. 30 (1958) 399

43) R. Koningsveld,
    Chem. Weekbl. 57 (1961) 129, Ref. C.A. 55 (1961) 18242

44) E.K. Walsh,
    J. Chromatog. 55 (1971) 193

45) H. Staudinger,
    Die Hochmolekularen Organischen Verbindungen,
    Springer Verlag, Berlin (1932)

46) A. Peterlin,
    Polymer Preprints 9 (1968) 323

47) A. Sotobayashi u. J. Springer,
    Fortschr. Hochpolym. Forsch. 6 (1969) 473

48) H. Zahn u. W. Pieper,
    Makromolekulare Chem. 53 (1962) 103

49) J. Dale,
    Angew. Chem. 78 (1966) 1069

50) G. Heidemann, P. Kusch u. H.-J. Nettelbeck,
    Z. analyt. Chem. 212 (1965) 401

51) H. Zahn u. W. Pieper,
    Kolloid-Z. 180 (1962) 97

52) H. Zahn,
    Kurzmitteilungen Sektion I B 8, Symposium über
    Makromoleküle, Wiesbaden 1959

53) D.R. Holmes, C.W. Bunn u. D.J. Smith,
    J. Polymer Sci. 17 (1955) 159

54) W. Kuhn,
    Angew. Chem. 49 (1936) 858

55) R. Houwink,
    J. prakt. Chem. 157 (1941) 15

56) H. Mark,
    Allgemeine Grundlagen der Hochpolymeren-Chemie
    1 (1940) Leipzig, Akademische Verlagsgesellschaft

57) R. Signer in R. Houwink,
    Chemie und Technologie der Kunststoffe, Bd. 1,
    Akademische Verlagsgesellschaft, Leipzig (1954) 289

58) H.U. v. Vogel,
    Chemiker Kalender,
    Springer Verlag, Berlin (1956) 284

59) Dáns. Lax,
    Taschenbuch für Chemiker und Physiker, 2
    Springer Verlag, Berlin (1964) 565

60) H. Zahn u. G. Gleitsmann,
    Angew. Chem. 75 (1963) 772

61) H. Halboth u. G. Rehage,
    Faserforsch. u. Textiltechn. 18 (1967) 177

62) H. Determann,
    Gelchromatographie,
    Springer-Verlag, Berlin 1967

63) H.W. Osterhoudt, L.N. Ray Jr.,
    J. Polymer Sci. C 21 (1968) 5-12; A-2, 5 (1967) 569

64) H. Halpaap, K. Klatyk,
    J. Chromatog. 33 (1968) 80-89

65) W. Heitz,
    Angew. Chem. 82 (1970) 675-689

66) W. Schefer,
    Textil-Rdsch. 10 (1955) 279

67) G. Jellinek,
    Meßtechnik 77 (1969) 69

- 44 -

6. Liste der Bildunterschriften und Abbildungen

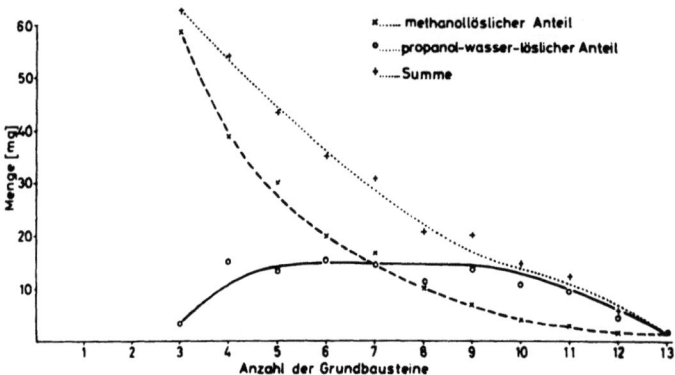

Abb. 2.1: Mengenverteilung des methanollöslichen
und des in Propanol/Wasser löslichen
Anteils. Ermittelt durch Gelpermeationschromatographie:

Gel: Sephadex LH 20
Säule: 2 cm x 400 cm
Temperatur: 25 °C
Elutionsmittel: Phenol/Äthanol/Wasser
                  (1:2,6:1,6 v/v)

Elutionsge-
schwindigkeit: 10 ml/h

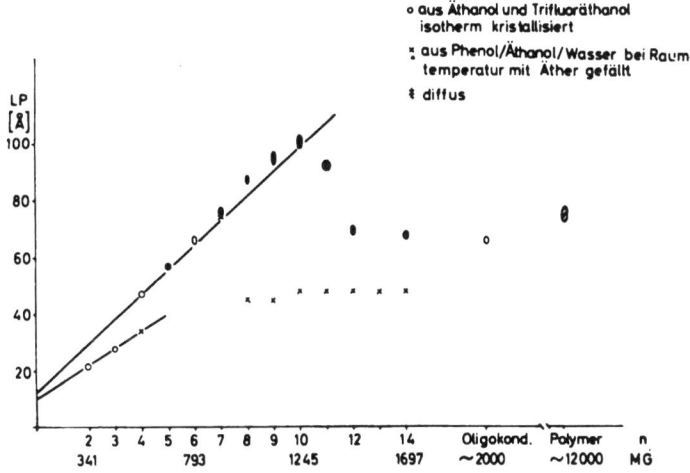

Abb. 2.2: Langperioden der Oligoamide in Abhängigkeit von der Kettenlänge und den Kristallisationsbedingungen

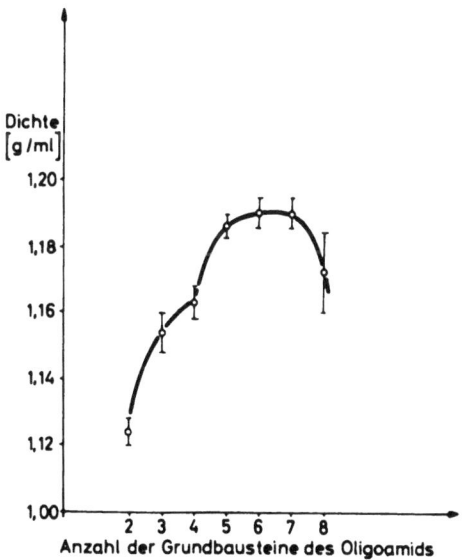

Abb. 2.3: Dichten der bei 65 °C aus Trifluoräthanol kristallisierten Oligoamide. Gradiententechnik bei 25 °C in Tetrachlorkohlenstoff/Ligroin

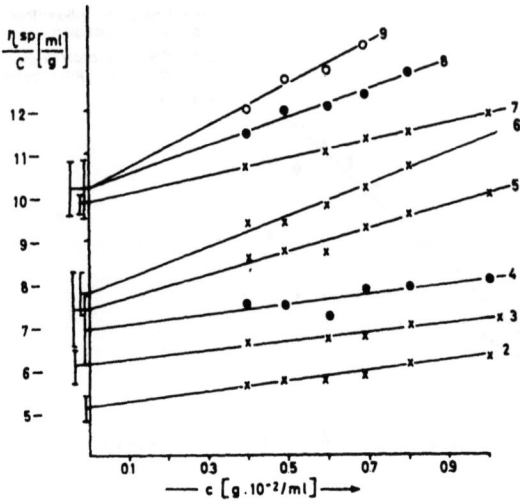

Abb. 2.4: Abhängigkeit der reduzierten Viskosität der Oligoamide von ihrer Konzentration. Bestimmung der Grenzviskosität bei 50 °C
I Standardabweichung von $[\eta]$

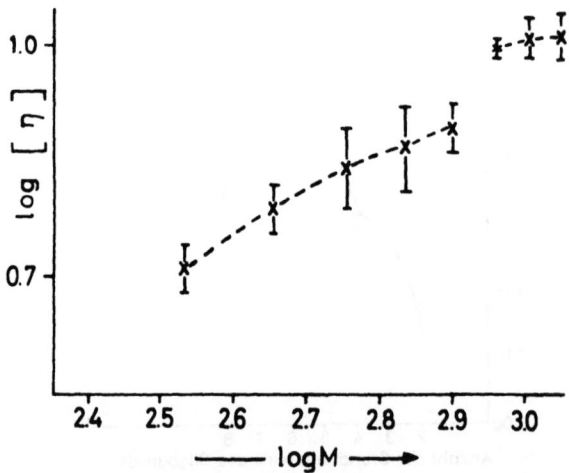

Abb. 2.5: Abhängigkeit der Grenzviskositäten bei 50 °C vom Molgewicht der Oligoamide
I Standardabweichung von $\log[\eta]$

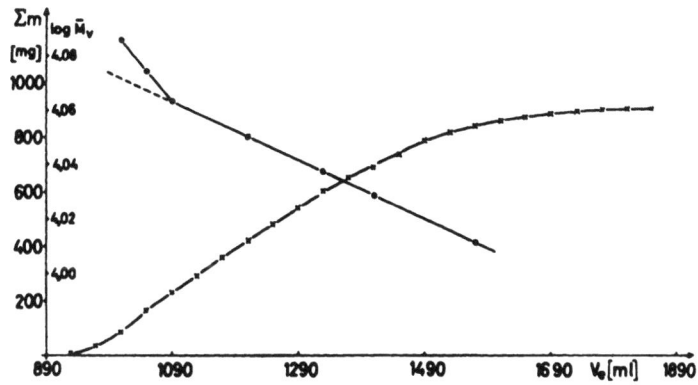

Abb. 3.1: Integrale Masse der Fraktionen und Logarithmus des mittleren Molekulargewichts der Einzelfraktionen in Abhängigkeit vom Elutionsvolumen

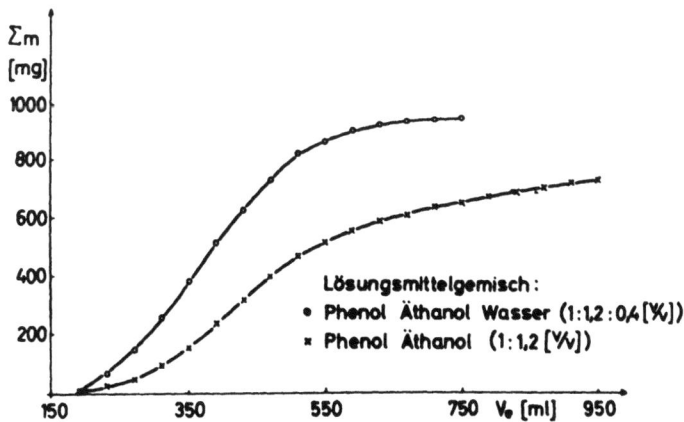

Abb. 3.2: Integrale Masse der Fraktionen in Abhängigkeit vom Elutionsvolumen

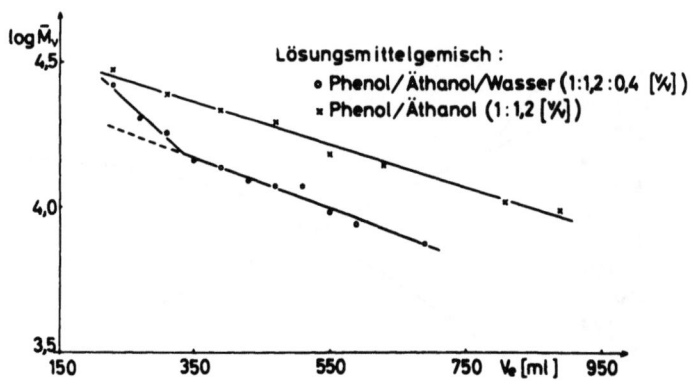

Abb. 3.3: Logarithmen der mittleren Molekulargewichte der Einzelfraktionen in Abhängigkeit vom Elutionsvolumen

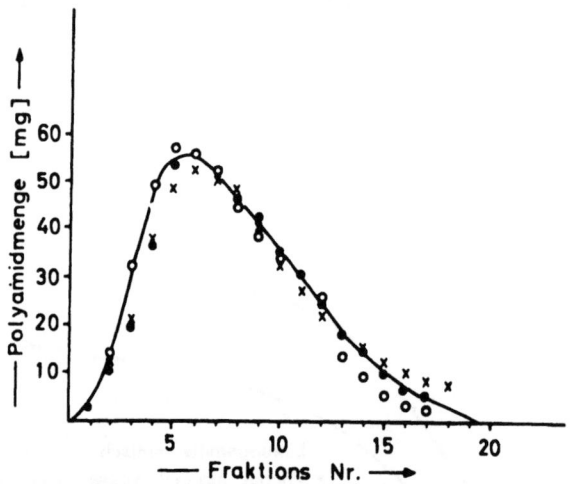

Abb. 3.4: Mengenverteilungskurve dreier Fraktionierungen von Nylon 6

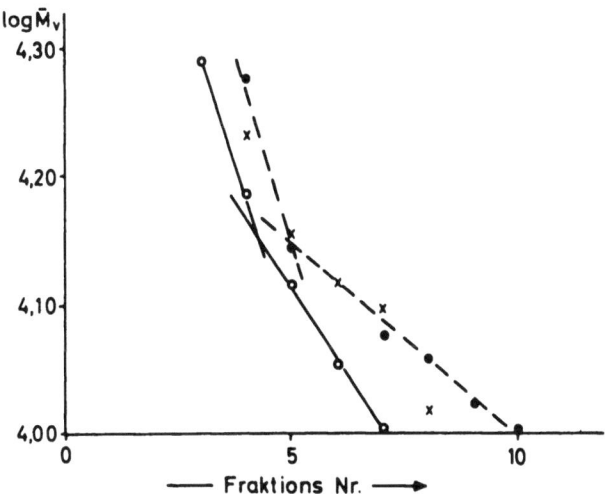

Abb. 3.5: Logarithmen der Molekulargewichte der einzelnen Nylon 6-Fraktionen in Abhängigkeit vom Elutionsvolumen der Fraktionierungen an Merckogel SI 500

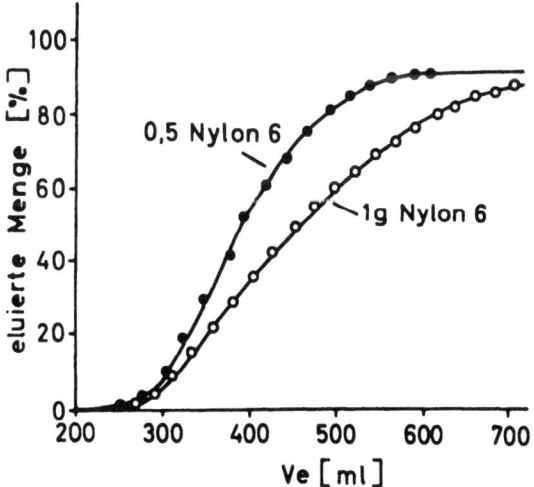

Abb. 3.6: Integrale Verteilungskurve von Nylon 6 aus Fraktionierungen an Merckogel SI 500 bei unterschiedlicher Beladung

Abb. 3.5: Gewicht an den Holzfragmenten der einzelnen Nylon 6 Fraktionen in Abhängigkeit von Elutionsvolumen, der Fraktionierungen an Merckogel SI 500

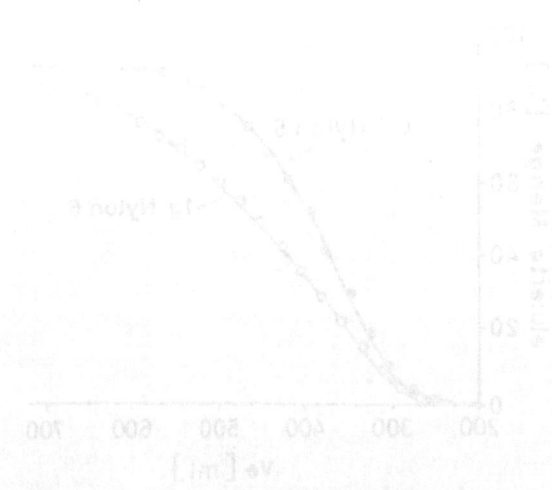

Abb. 3.6: Integrale Verteilungskurve von Nylon 6 aus Fraktionierungen an Merckogel SI 500 bei unterschiedlicher Beladung

Forschungsberichte des Landes Nordrhein-Westfalen

Herausgegeben im Auftrage des Ministerpräsidenten Heinz Kühn
vom Minister für Wissenschaft und Forschung Johannes Rau

Sachgruppenverzeichnis

Acetylen · Schweißtechnik
Acetylene · Welding gracitice
Acétylène · Technique du soudage
Acetileno · Técnica de la soldadura
Ацетилен и техника сварки

Arbeitswissenschaft
Labor science
Science du travail
Trabajo científico
Вопросы трудового процесса

Bau · Steine · Erden
Constructure · Construction material ·
Soilresearch
Construction · Matériaux de construction ·
Recherche souterraine
La construcción · Materiales de construcción ·
Reconocimiento del suelo
Строительство и строительные материалы

Bergbau
Mining
Exploitation des mines
Minería
Горное дело

Biologie
Biology
Biologie
Biologia
Биология

Chemie
Chemistry
Chimie
Quimica
Химия

Druck · Farbe · Papier · Photographie
Printing · Color · Paper · Photography
Imprimerie · Couleur · Papier · Photographie
Artes gráficas · Color · Papel · Fotografía
Типография · Краски · Бумага · Фотография

Eisenverarbeitende Industrie
Metal working industry
Industrie du fer
Industria del hierro
Металлообрабатывающая промышленность

Elektrotechnik · Optik
Electrotechnology · Optics
Electrotechnique · Optique
Electrotécnica · Optica
Электротехника и оптика

Energiewirtschaft
Power economy
Energie
Energía
Энергетическое хозяйство

Fahrzeugbau · Gasmotoren
Vehicle construction · Engines
Construction de véhicules · Moteurs
Construcción de vehículos · Motores
Производство транспортных средств

Fertigung
Fabrication
Fabrication
Fabricación
Производство

Funktechnik · Astronomie
Radio engineering · Astronomy
Radiotechnique · Astronomie
Radiotécnica · Astronomía
Радиотехника и астрономия

Gaswirtschaft
Gas economy
Gaz
Gas
Газовое хозяйство

Holzbearbeitung
Wood working
Travail du bois
Trabajo de la madera
Деревообработка

Hüttenwesen · Werkstoffkunde
Metallurgy · Materials research
Métallurgie · Matériaux
Metalurgia · Materiales
Металлургия и материаловедение

Kunststoffe
Plastics
Plastiques
Plásticos
Пластмассы

Luftfahrt · Flugwissenschaft
Aeronautics · Aviation
Aéronautique · Aviation
Aeronáutica · Aviación
Авиация

Luftreinhaltung
Air-cleaning
Purification de l'air
Purificación del aire
Очищение воздуха

Maschinenbau
Machinery
Construction mécanique
Construcción de máquinas
Машиностроительство

Mathematik
Mathematics
Mathématiques
Matemáticas
Математика

Medizin · Pharmakologie
Medicine · Pharmacology
Médecine · Pharmacologie
Medicina · Farmacología
Медицина и фармакология

NE-Metalle
Non-ferrous metal
Metal non ferreux
Metal no ferroso
Цветные металлы

Physik
Physics
Physique
Física
Физика

Rationalisierung
Rationalizing
Rationalisation
Racionalización
Рационализация

Schall · Ultraschall
Sound · Ultrasonics
Son · Ultra-son
Sonido · Ultrasónico
Звук и ультразвук

Schiffahrt
Navigation
Navigation
Navegación
Судоходство

Textilforschung
Textile research
Textiles
Textil
Вопросы текстильной промышленности

Turbinen
Turbines
Turbines
Turbinas
Турбины

Verkehr
Traffic
Trafic
Tráfico
Транспорт

Wirtschaftswissenschaften
Political economy
Economie politique
Ciencias económicas
Экономические науки

Einzelverzeichnis der Sachgruppen bitte anfordern

Springer Fachmedien Wiesbaden GmbH

If you have any concerns about our products,
you can contact us on
ProductSafety@springernature.com

In case Publisher is established outside the EU,
the EU authorized representative is:
**Springer Nature Customer Service Center GmbH
Europaplatz 3, 69115 Heidelberg, Germany**

Printed by Libri Plureos GmbH
in Hamburg, Germany